物理篇

哇，科学有故事！

磁铁的故事

[韩]郑烷相/文 [韩]刘京华/绘 千太阳/译

人民东方出版传媒
People's Oriental Publishing & Media
東方出版社
The Oriental Press

吸引铁的奇怪的石头究竟是什么？

佩雷格里努斯

地球内部有一个
巨大的磁铁？
吉尔伯特

是否能用磁铁
来发电呢？
法拉第

目录

佩雷格里努斯老师，能够吸引铁的奇怪石头究竟是什么东西？

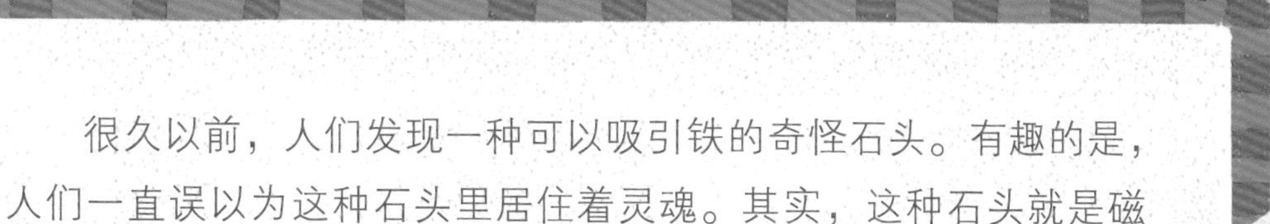

很久以前，人们发现一种可以吸引铁的奇怪石头。有趣的是，人们一直误以为这种石头里居住着灵魂。其实，这种石头就是磁铁，而我就是最早研究磁铁的人。

公元前 6 世纪时，古希腊科学家泰勒斯发现了一块奇怪的石头。

“这块石头太神奇了。只要把铁放到它的附近，铁就会被牢牢地吸住。”

泰勒斯还发现，只要用这块石头摩擦普通的铁，被摩擦过的铁就能吸引其他的铁。

这种石头就是磁铁。

东汉时期的思想家王充对磁铁也很了解。

他不仅知道磁铁可以吸引铁，还知道磁铁始终指向一个方向。

他在自己的著作中写道，司南（用天然磁铁矿石制成）的勺柄始终指向南方。

在古代中国，人们将带有磁性的铁片放在水面上，就制作成了一种特别的工具——指南鱼。

这种工具能够帮助人们辨别方向，非常便利。

后来，指南鱼被一些来到中国的阿拉伯商人传入欧洲。

欧洲人听闻这种磁铁不仅可以吸引铁，还可以指明方向，便开始对磁铁产生了兴趣。

渐渐地，一些人开始研究起磁铁来了。

13 世纪，法国的物理学家佩特律斯 · 佩雷格里努斯，就是其中一个。

佩雷格里努斯找来很多磁铁做实验。

他得出的结果始终相同：磁铁在任何时候都会吸引铁，任何时候都会指向南方。

直到有一天，佩雷格里努斯做了一个全新的实验，他将磁铁做成条状，并将一半涂成红色，另一半涂成蓝色。

探索磁铁的性质

磁铁之间会相互吸引吗?

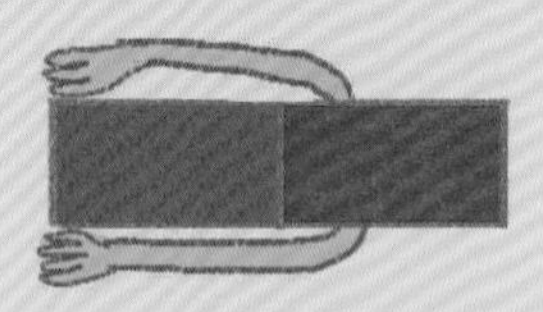

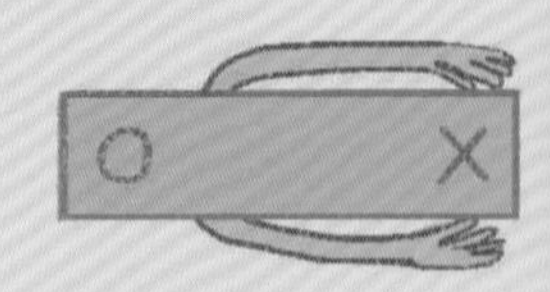

准备一块涂过色的磁铁和一块没有涂色的磁铁。

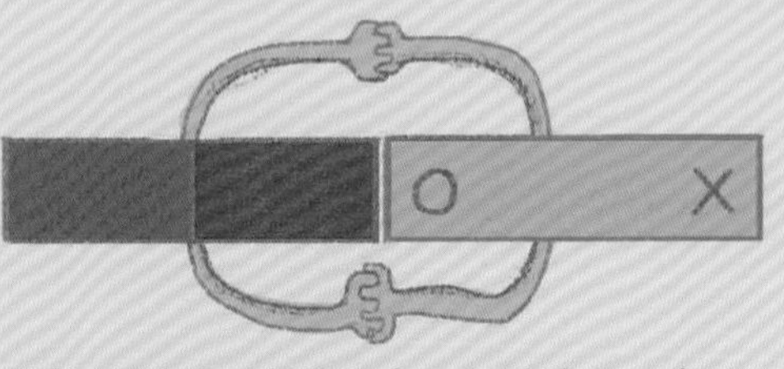

将涂色磁铁的红色端靠向无色磁铁的一端时，无色磁铁被吸了过来。

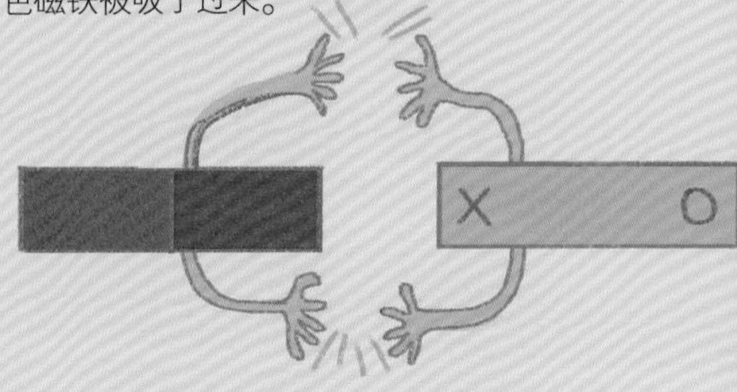

将涂色磁铁的红色端靠向无色磁铁的另一端时，无色磁铁则被推开了。

可见，磁铁的两端不会无条件吸引其他磁铁，那么就将磁铁性质不同的两端称为“两极”吧。

极 **极**

佩雷格里努斯发现的磁铁的两个极，我们称为北（N）极和南（S）极。佩雷格里努斯在整理磁铁相关的实验成果时，还曾大胆预言道：“一定能够利用磁铁的性质制出永远转动的机器。”

后来，虽然人们没能像他期待的那样制造出永远转动的机器，但不可否认电动机等机器的运转确实利用了磁铁的性质。

如果把磁铁分成两半会发生什么情况呢？

把磁铁分成红色和蓝色两块。

红色磁铁的一端吸引磁铁的蓝色端，而红色磁铁的另一端会排斥磁铁的蓝色端。

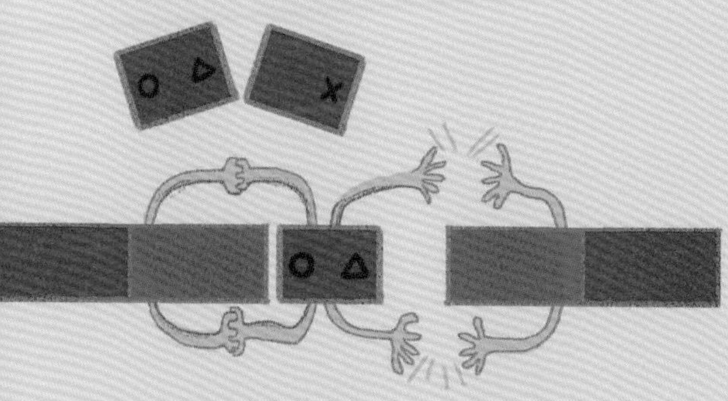

当红色磁铁再被分成两半后，还会出现相同的情况。

无论磁铁被分成几块，每块磁铁的两边都会形成性质相反的两个极。

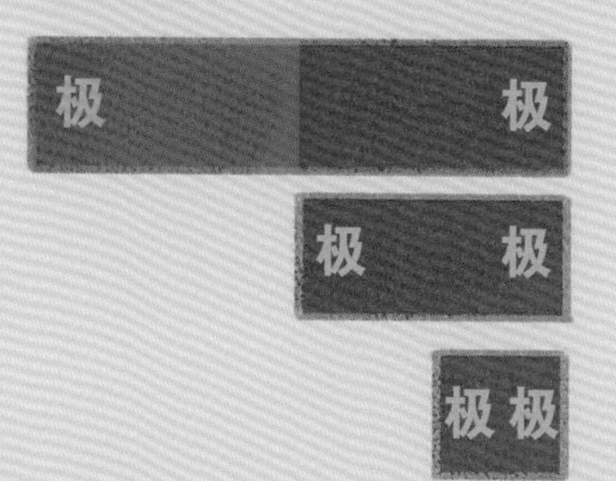

磁铁

可以吸引铁制品的物质，我们称为“磁铁”。大自然中的天然磁铁叫作“天然磁石”，属于“永久磁铁”。与天然磁石接触的铁制品也会暂时转变为磁铁，而这种磁铁则属于“非永久磁铁”。人们很早就利用磁铁指向南方的性质制作指南工具。

磁铁的性质

磁铁有两个极：分别为北（N）极和南（S）极。

相同的极会相互排斥。

不同的极会相互吸引。

制作人工磁铁

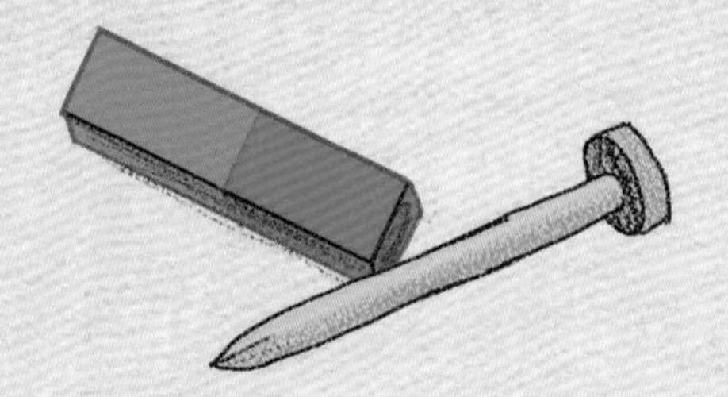

把铁钉放在磁铁上摩擦几次。

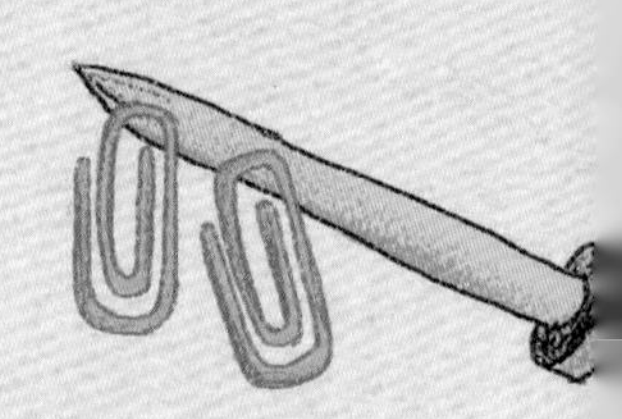

铁钉就会变成非永久磁铁，可以吸引铁制品。

磁铁的极在哪里？

磁铁的两端就是它的极。极是磁铁当中吸力最强的地方。

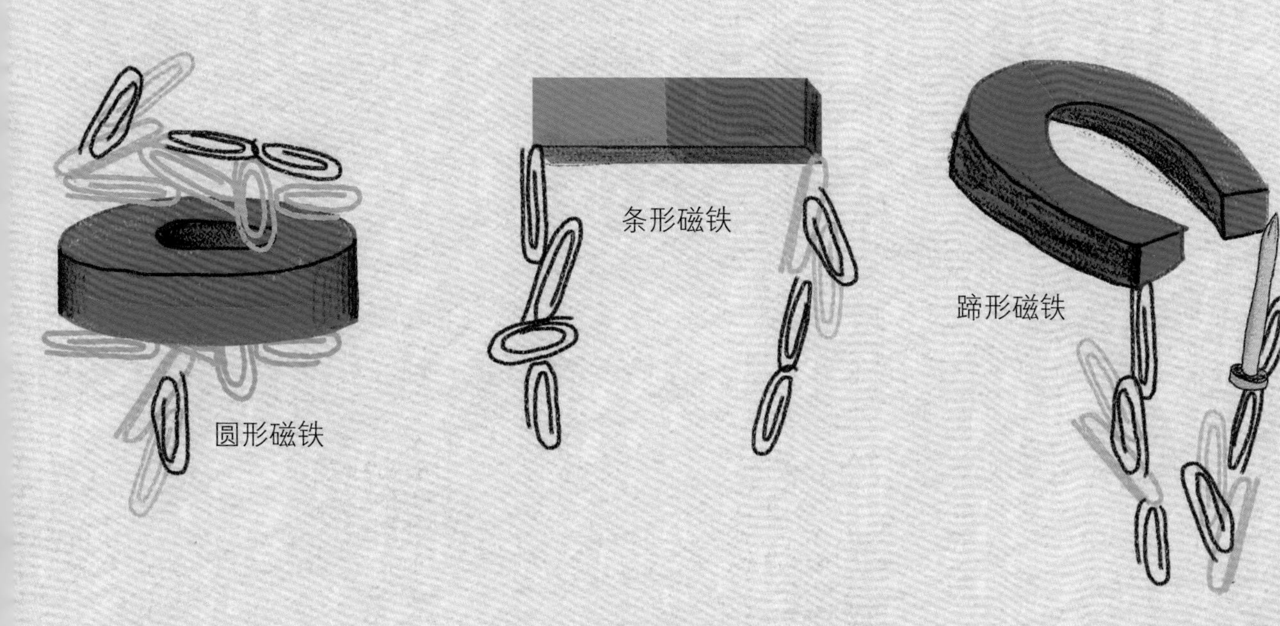

用指南针寻找北方

将指南针放在一个平坦的地方，然后等待指南针的指针停下来。这时，红色指针指定的方向就是北方。

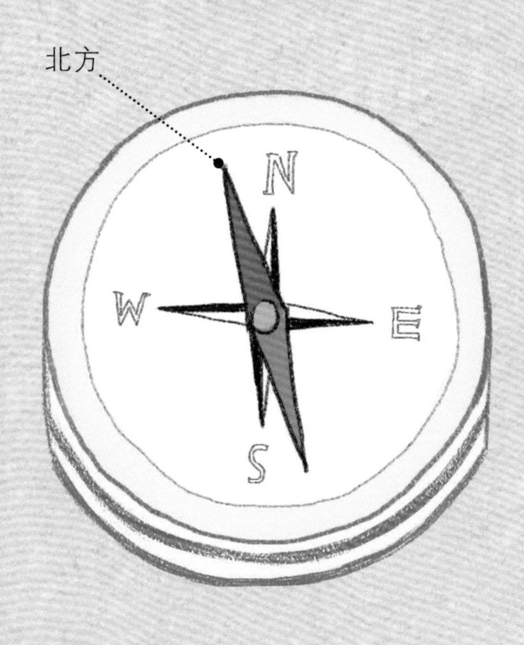

鸟的体内有磁铁吗？

候鸟为什么能分辨北方和南方呢？

这是因为候鸟的身体结构与磁铁一样，可以感应到地球磁场。

最初，科学家们并没有用候鸟做研究，而是选择了鸽子。因为他们发现，鸽子总是能够准确地找到自己的家。最终，科学家们在鸽子的喙上方发现了一个能感知磁场的结构。于是，他们就在鸽子头上贴了一块强力磁铁，结果导致了鸽子迷路。那只头上贴着磁铁的鸽子一直没能找到自己的家。就这样，科学家们通过实验证明了有些鸟具有能感知磁场的特殊结构，起着指南针的作用。后来，科学家们又对候鸟进行了研究。不同于鸽子，候鸟身上的"磁铁"位于脖子的肌肉中。

正是因为有这块"磁铁"，候鸟们才能飞行数百千米，甚至是数千千米也不会迷路。

此外，还有一些生物体内也含有这种特殊结构。例如，非常小的微生物——趋磁细菌，即使处在深海中，它们也能感知地球磁场，朝着北极移动。

动物也能够像人类一样使用指南针，你是不是觉得很神奇呢？

利用磁场寻找方向的候鸟

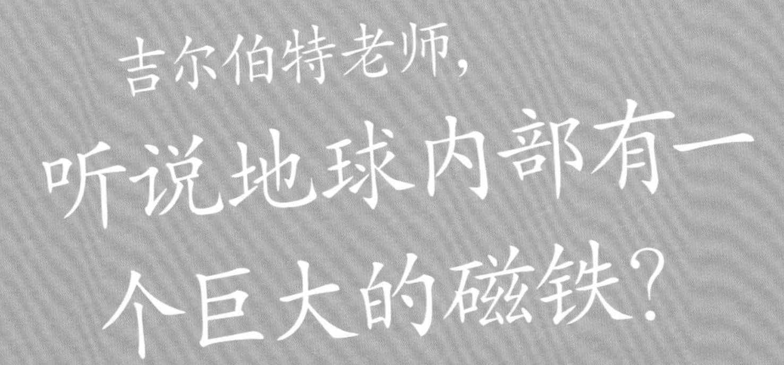

佩雷格里努斯虽然发现了磁铁的性质，却没有弄清指南针中的磁铁为什么会一直指向北方。另外，还有不少人认为是北极星在吸引着指南针中的磁铁。但事实上，指南针指向的秘密就藏于地球的内部。

大约在一千年前，中国的船夫们最先在海上使用指南针。
而在使用指南针之前，他们都是利用其他方法来辨别方向的。

使用这些方法在海上寻找方向始终存在局限性。

因为海上并不存在可以作为标记的山，如果遇到阴雨天，就无法看到太阳、月亮和北极星。

自从使用指南针后，辨别方向就变得异常简单。

于是，指南针就渐渐成为航海人的必需品。

指南针从中国传到西方之后，形态得到改进，更便于携带。

即原本把磁性指针放在水面上使用，后来改为悬空放在一个轴上，这样能保证磁性指针自由转动；然后把磁性指针密封在装有玻璃的木盒子或铜盒子里，这样指针就不会受风力影响出现晃动。

自从有了指南针后，人们乘船出海变得频繁起来。

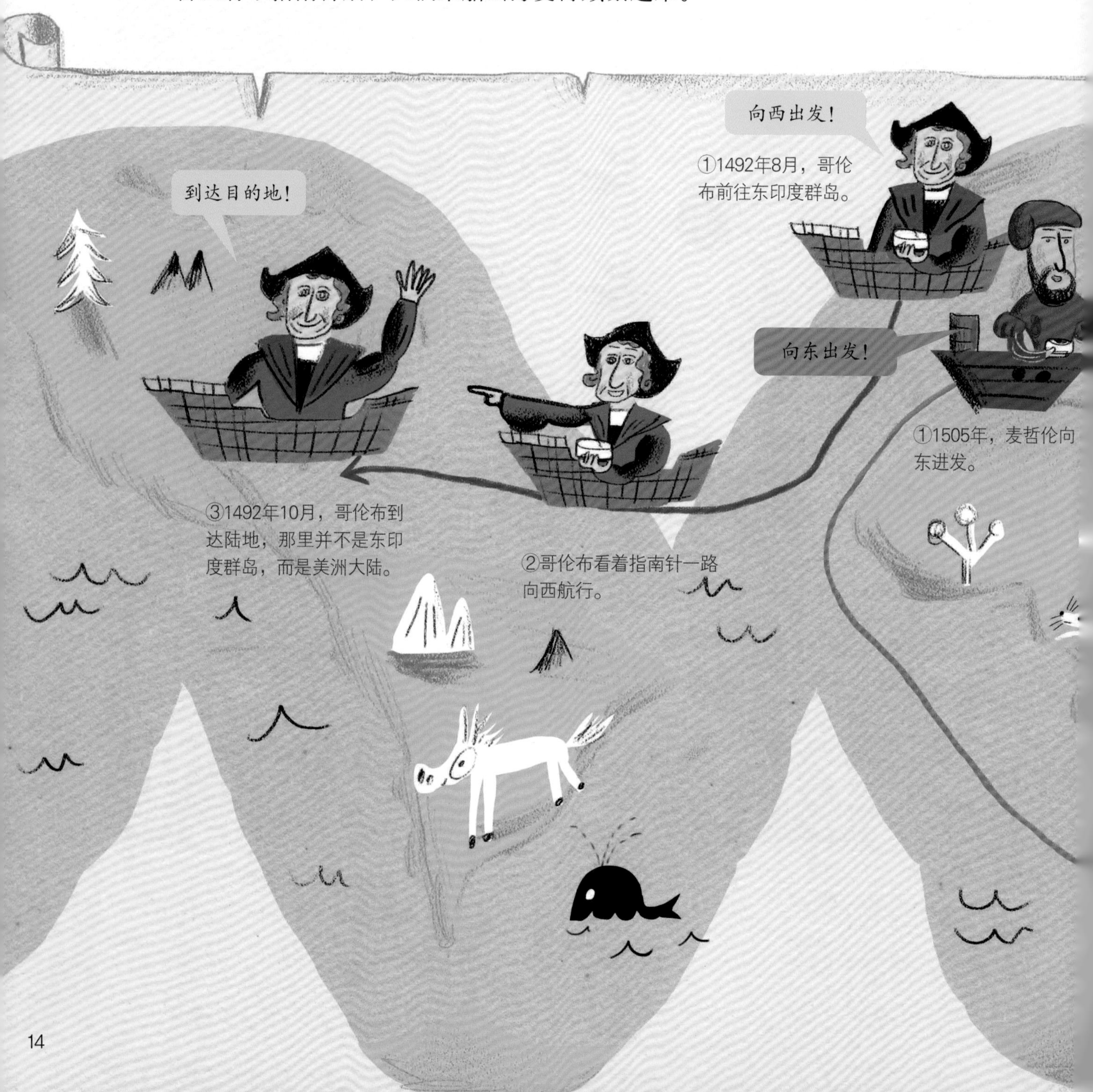

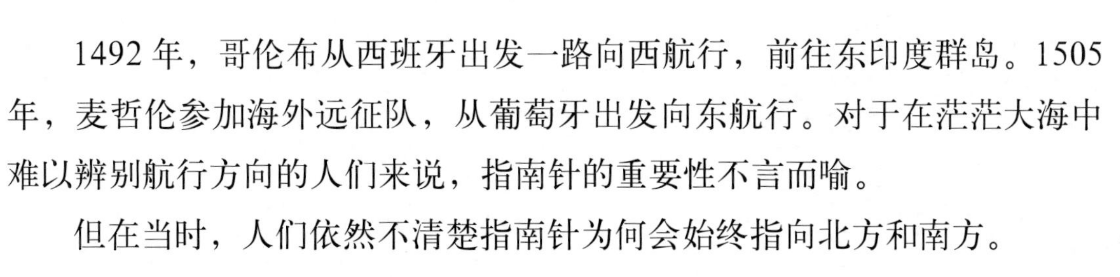

1492 年，哥伦布从西班牙出发一路向西航行，前往东印度群岛。1505 年，麦哲伦参加海外远征队，从葡萄牙出发向东航行。对于在茫茫大海中难以辨别航行方向的人们来说，指南针的重要性不言而喻。

但在当时，人们依然不清楚指南针为何会始终指向北方和南方。

1600 年左右，伊丽莎白女王的主治医生威廉 · 吉尔伯特也对指南针始终指向北方和南方感到很好奇。

于是，吉尔伯特一有空闲就会研究指南针和磁铁。

有一天，吉尔伯特向船夫们询问，指南针的 N 极为什么始终指向北方。

他还了解了很多有关磁铁的知识。

然而，他听到了很多荒唐的言论。

不过，有一个说法却唤起了吉尔伯特的灵感。

吉尔伯特立即做实验，来印证自己的猜想。

首先，他找来一大块磁铁。

然后，他将这块磁铁磨成像地球一样的球形，并命名为“小地球”。

最后，他拿着指南针靠近了“小地球”。

小地球实验

1. 让小地球的N极朝上，拿起指南针靠近它。

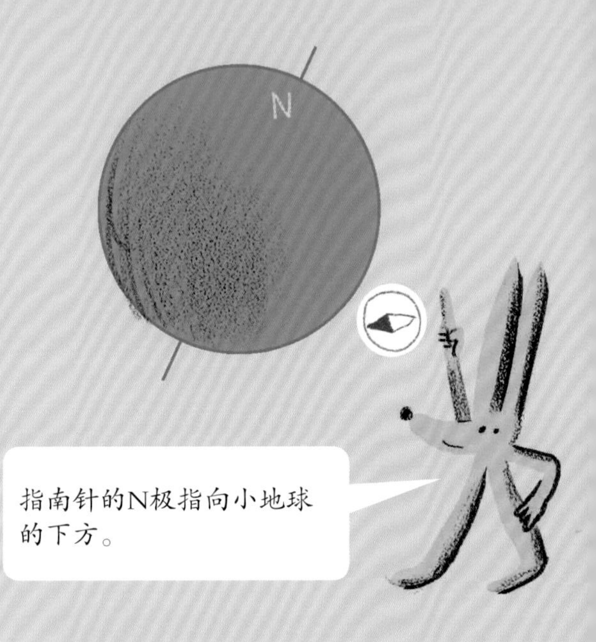

2. 让小地球的N极朝下，拿起指南针靠近它。

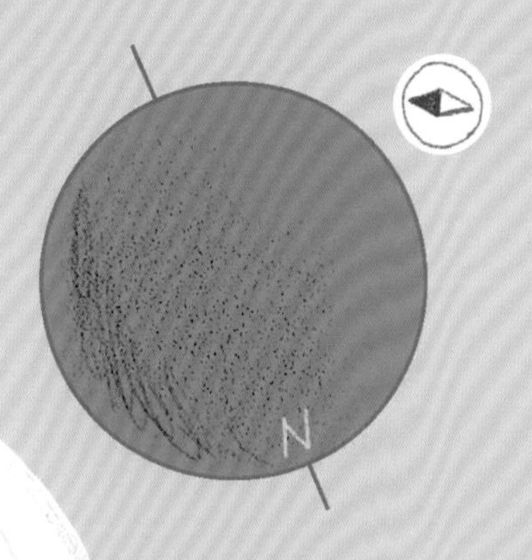

3. 这次，他又将多个指南针摆放在小地球的四周。

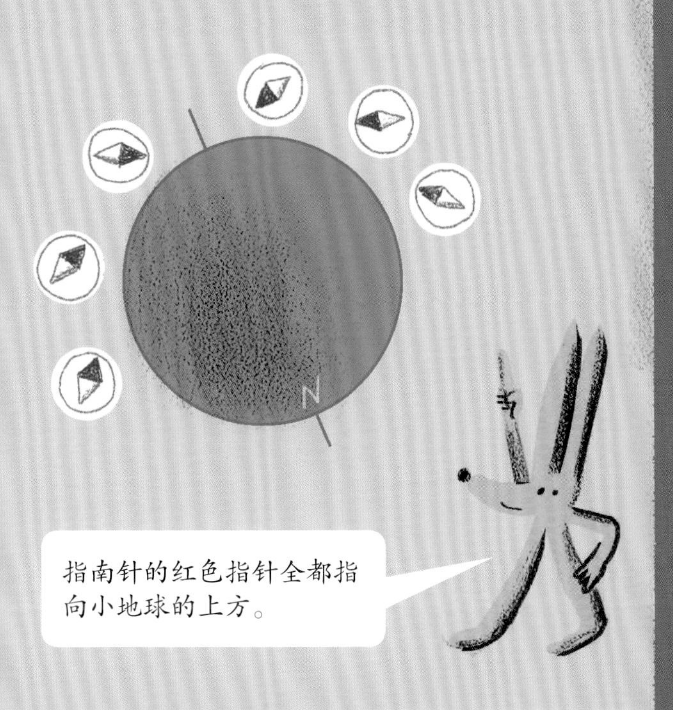

通过这个实验，吉尔伯特终于得知指南针代表 N 极的红色指针一直指向北方的原因。令人惊讶的是，原来地球是一个南极是 N 极、北极是 S 极的磁铁，所以指南针的 N 极才会始终指向地球的北极。

因为磁铁不同的极会相互吸引。

吉尔伯特对磁铁的好奇，让他最终解开了一个与地球结构有关的重大秘密。

磁力和磁场

磁铁吸引铁制品的力，我们称为“磁力”。它使磁铁之间存在吸引和排斥的力。另外，磁铁周围的物体都会受到磁力的影响，这块能受到磁力影响的区域，我们称为“磁场”。也就是说，磁铁的周围始终存在磁场。

磁铁周围形成的磁场

磁铁两极周围的磁场最强。

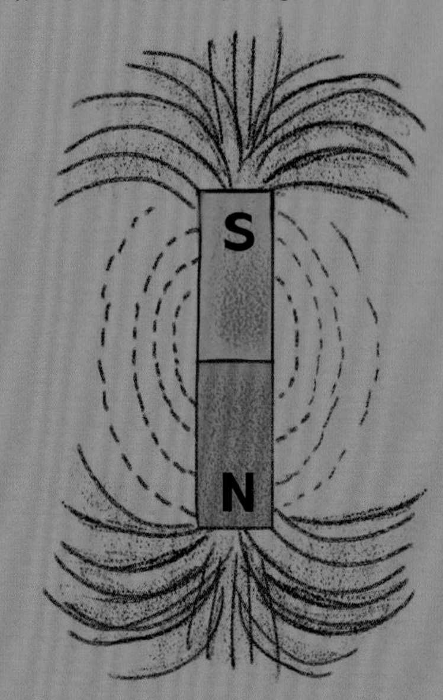

地球的磁场

地球周围也存在磁场，我们称为“地磁场”。

磁力的性质

磁铁的两端是两个不同的极，产生的磁力不同。

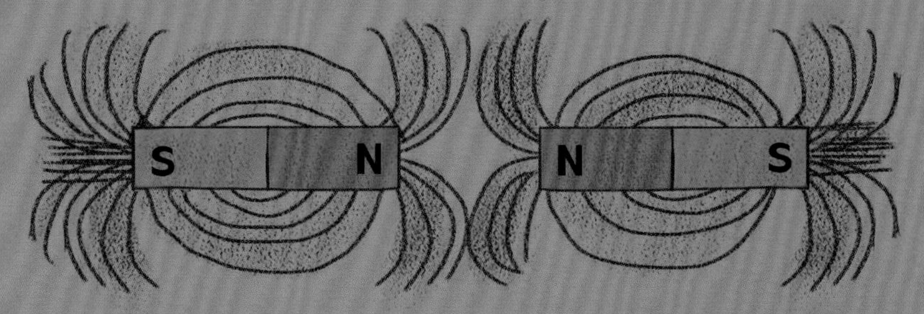

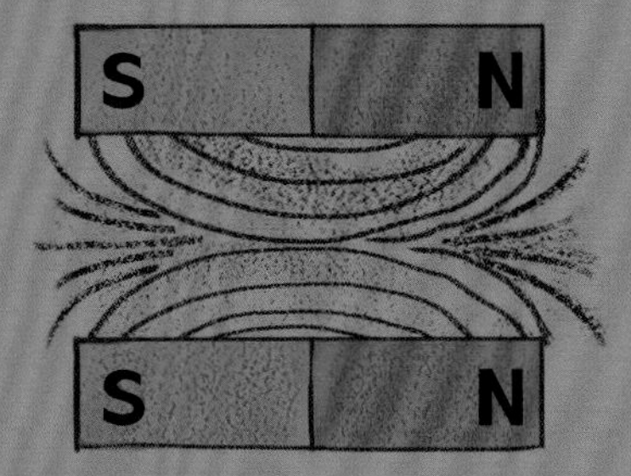

相同的极之间会产生相互排斥的力。

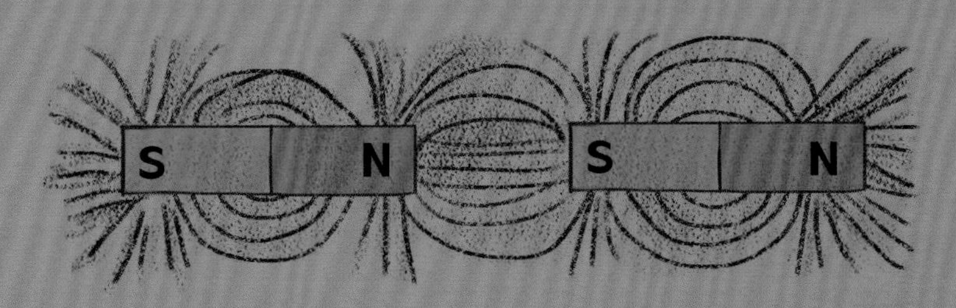

不同的极之间会产生相互吸引的力。

地理的两极与地磁场的两极不重合

2001年测量的结果表明，地磁场的北极位于加拿大北部的埃尔斯米尔岛附近，这个位置并非一成不变，而是每天都在移动。

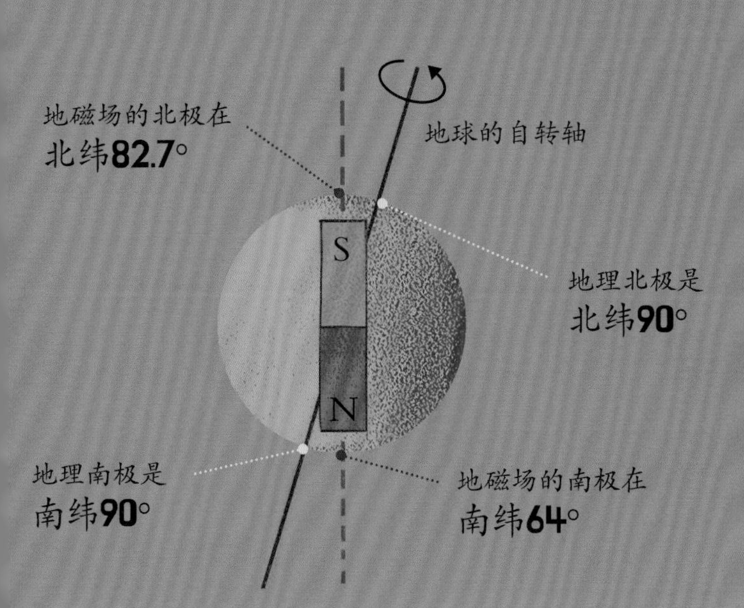

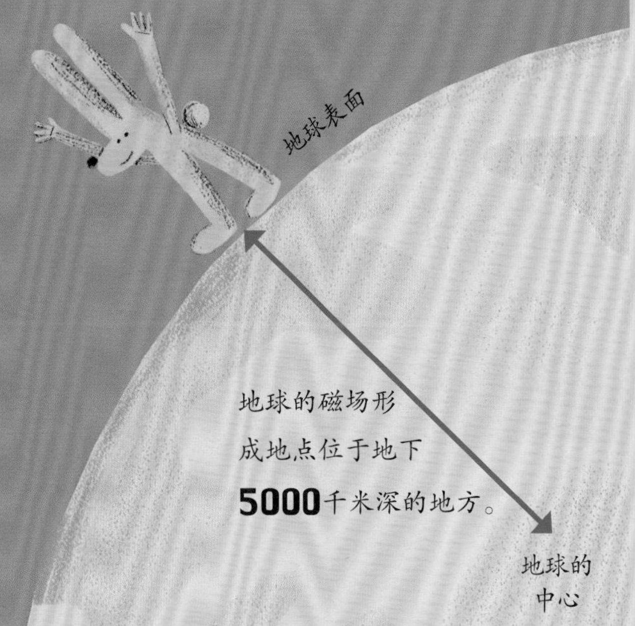

探索地球上的神秘之地

一直以来，北极点和南极点都是人们渴望探险的地方。

最早完成北极点徒步探险的人是罗伯特·皮里。虽然皮里在多次前往格陵兰岛探险的途中，因冻伤失去了八个脚趾，但这依然没能阻挡他前往北极点探险的决心。1909 年，他从埃尔斯米尔岛出发，乘坐狗拉的雪橇，历经 5 天时间抵达北极点。这时，原本打算到北极点探险的罗阿尔德·阿蒙森则更改原本的计划，于 1911 年抵达南极点。至于北极磁点和南极磁点则早在很久之前，分别由詹姆斯·克拉克·罗斯和欧内斯特·沙克尔顿完成了探险。

不过，地球上不仅有前往北极和南极探险的人，还有很多到最高的山脉和最深的海洋探险的人。例如，埃德蒙·希拉里就于 1953 年成功地登顶地球最高山峰——高达 8844.43 米的珠穆朗玛峰。另外，雅克·皮卡德也曾乘坐自己研制的潜水器，成功下潜到地球最深的海底——马里亚纳海沟 10916 米深的地方。

即使是现在，地球上依然有很多充满好奇心和冒险精神的人在不停地探索着隐藏在地球上的神秘之地。

地球上最高的山峰——珠穆朗玛峰

自从伏特发明电池之后，很多科学家都开始做各种与电有关的实验。当然，我也是其中一员。有一天，我有了一个重大的发现，我找到了只用磁铁就能发电的方法。怎么样，我是不是很了不起？

1820年的一天，哥本哈根大学的物理学教授汉斯·奥斯特正在给学生上课。他在铁棍上缠上电线，然后给它通电。

而铁棍的旁边正好放着一个指南针。

下课后，奥斯特独自留在教室里，继续观察这个神奇的现象。

他不停地打开和关闭电源开关，结果却和之前相同。

即当电线通电时，指南针的指针就会发生偏转；而当电线断电时，指南针的指针就会复原。

这说明电和磁之间肯定存在某种联系。

过了一段时间后，英国物理学家迈克尔 · 法拉第对奥斯特的实验产生了兴趣。由于从小家境贫寒，所以法拉第只能中途退学，在订书匠家里做学徒工。

法拉第读了很多科学书，他尤其对电感兴趣。只要是与电有关的图书，他都会反复地阅读。

法拉第立即准备实验工具，开始尝试各种与电有关的实验，同时认真地将实验内容记录下来。

后来，法拉第有幸成为一名著名科学家的助手。

有一天，法拉第心中突然产生了一个想法：

法拉第马上开始进行实验。

首先，法拉第在一根长棍上吊了一根细电线，然后拿着磁铁绕着电线转了几圈。而当磁铁停止旋转后，电线出现了轻微的晃动。这说明电线中有电流在移动。

“呀呼！磁铁周围也有可以让电线移动的神秘力量！”

法拉第将自己的实验结果公之于世：“就像电流可以让磁铁移动一样，移动的磁铁也可以产生电流！”

之前，人们并不了解电和磁的关系。通过法拉第的电磁感应实验，人们才得知在一定条件下，磁可以产生电。

另外，法拉第还有一个新的发现：在通电时，缠绕着电线的铁棍会有磁性；而当断电时，它又会失去磁性。

人们将这种装置命名为“电磁铁”，意思是只有通电时才会有磁性。

法拉第发现的电磁铁，如今被人们广泛应用在日常生活中。
大家有没有见过废车场里用来移动沉重汽车的机器呢？
那个机器上就装有电磁铁。

在这之前，法拉第还利用电磁铁发明了电动机。

当时，人们都觉得他的发明像一个玩具，所以科学界的反应并不是很热烈。

然而他们做梦也没有想到，这个电动机会被不断完善，还被应用到现在的多种电器当中。

你知道吗？被称为未来交通工具的磁悬浮列车也要用到电磁铁。电磁铁带有与磁铁相同的性质，因此会同极相斥、异极相吸。磁悬浮列车就是利用轨道上的电磁铁和火车底部的电磁铁相吸相斥的交替原理，得以在轨道上飞驰。也不知，当时法拉第是否能预料到自己的研究成果会被如此广泛地运用在人们的日常生活中呢？

电磁铁

通电时变成磁铁，而断电后失去磁性的物体，我们称为“电磁铁”。如果想要制作电磁铁，我们可以在铁钉或柱形导体上紧密地缠绕一圈有绝缘外衣的漆包线，然后在漆包线的两端连接干电池。当接通电流后，铁钉或柱形导体就会变成磁铁。

制作电磁铁

当按下开关，接通电流后，缠绕着漆包线的铁钉就会变成磁铁。

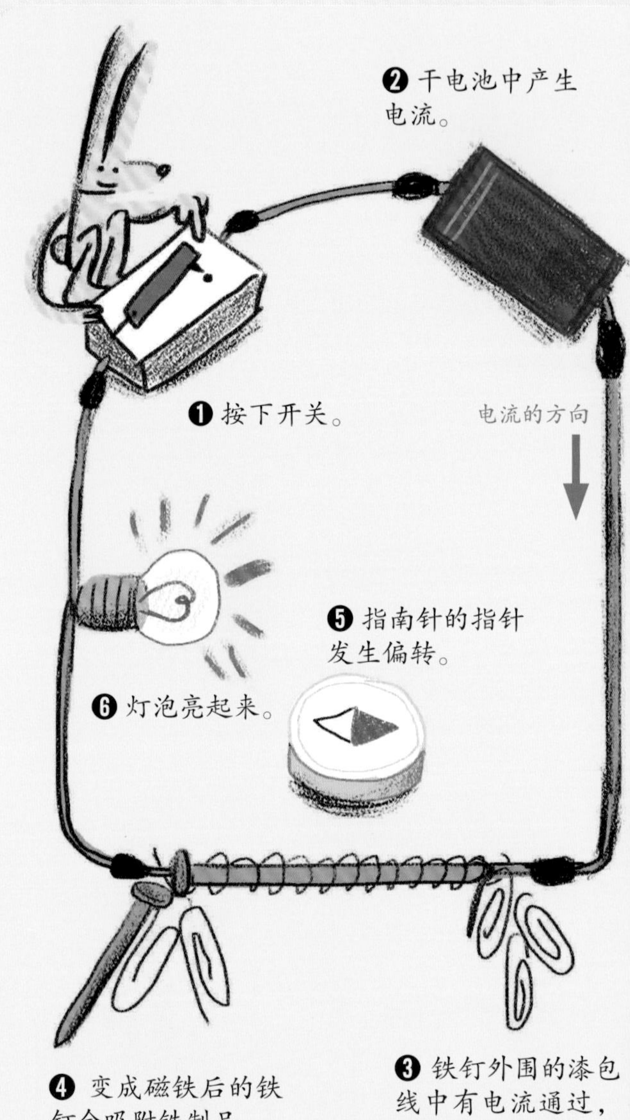

电磁铁的性质

电磁铁会像条形磁铁一样，在两端出现两个极，并形成电磁场。

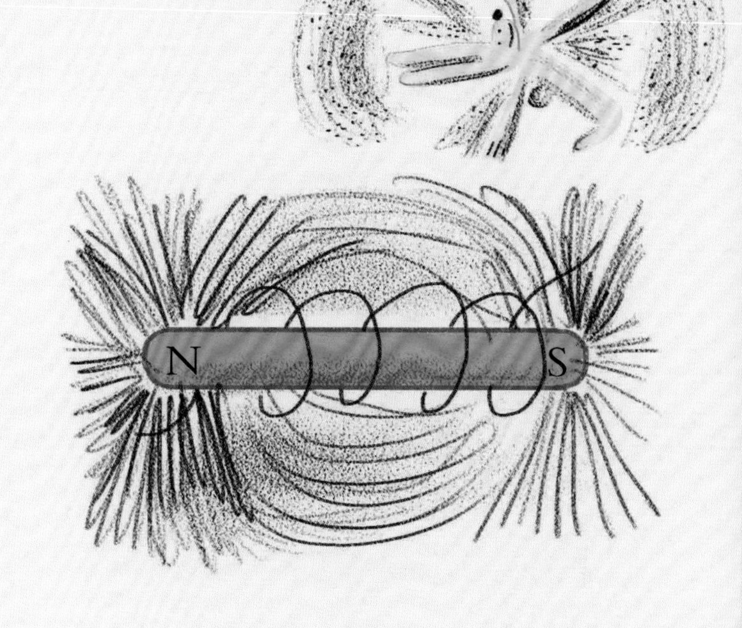

增强电磁铁磁性的方法

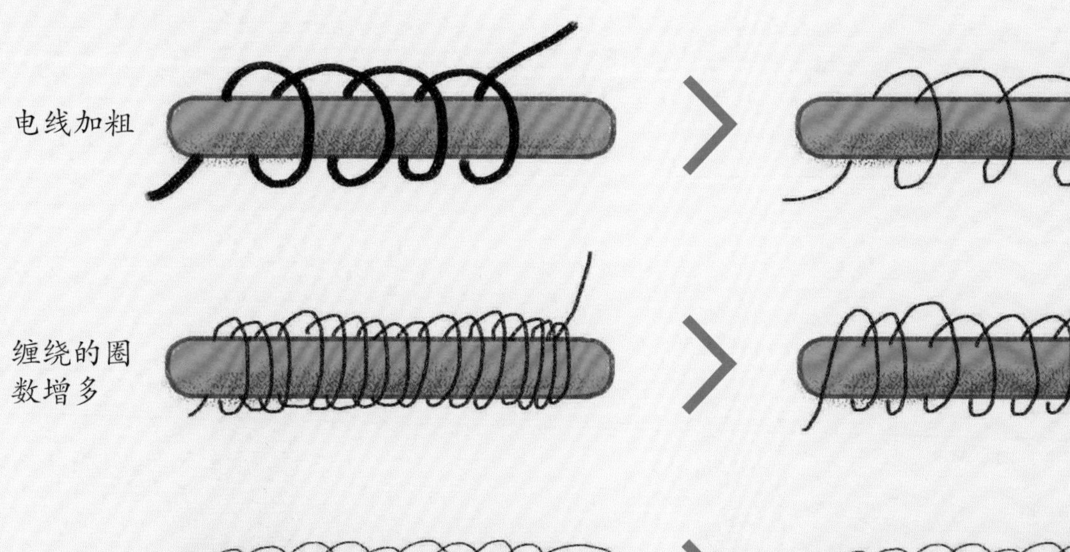

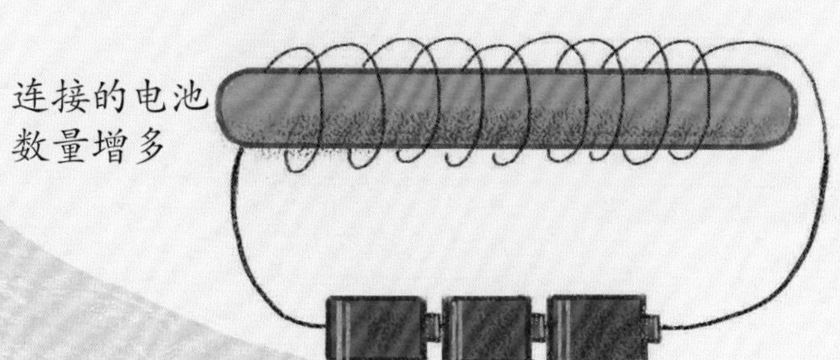

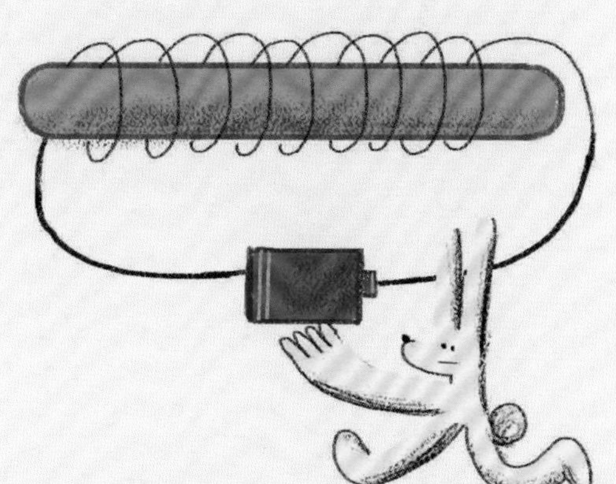

电磁波对人体有危害吗？

就像磁铁周围会产生磁场一样，通电后的电磁铁周围也会产生电磁场。

当电磁场向外传播，就会形成电磁波。因此，我们也可以认为所有电流经过的地方都会产生电磁波。

电视和报纸上经常会出现日常家用电器会释放电磁波的报道。除了大家都熟悉的电视和手机之外，吹头发的吹风机、洗手间里的智能马桶盖等物品也会释放一些电磁波。

长时间接触过量的电磁波，我们体内的免疫荷尔蒙就会大幅减少。有研究结果表明，经常接触大剂量的电磁波，小孩患上白血病的概率是原来的两倍。

那么，怎样才能减少电磁波对我们身体的影响呢？

距离越远，电磁波就越弱，所以我们平时最好养成保持距离看电视的习惯。

另外，人们常说仙人掌等植物可以吸收电磁波，但这个说法并没有得到科学的验证。

手机会释放电磁波

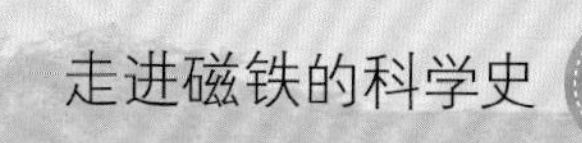

电磁铁还有哪些用途？

我们已经从只能用电池发电的时代，走进可以用电磁铁发电的时代。电磁铁不仅可以用来制造发电机，还可以用来制造磁悬浮列车等尖端高科技产品。随着电磁技术的发展，我们的生活也将变得越来越便利。

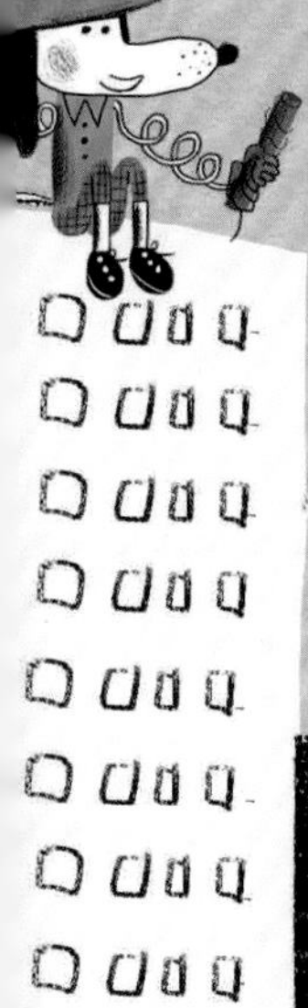

标记的部分是正文中出现的内容。

1820年

发现电流周围的磁场

奥斯特发现只要通电，电线周围的磁铁指针就会发生偏转。他认为这是电流周围形成磁场的缘故。

1831年

发现电磁感应原理

法拉第发现可以用移动的磁铁令电线产生电流，并发表电磁感应定律。

现在

人们开始利用电磁铁研制出磁悬浮列车、观察人体内部情况的磁共振成像（MRI）仪器等尖端产品。在不久的将来，人们说不定还能制造出能够自由转换方向的电梯等超乎想象的神奇物品。

图字：01-2019-6046

图书在版编目（CIP）数据

磁铁的故事 /（韩）郑烷相文；（韩）刘京华绘；千太阳译 . —北京：东方出版社，2020.12
（哇，科学有故事！. 物理化学篇）
ISBN 978-7-5207-1482-2

Ⅰ . ①磁… Ⅱ . ①郑… ②刘… ③千… Ⅲ . ①磁铁—青少年读物 Ⅳ . ① O441.3-49

中国版本图书馆 CIP 数据核字（2020）第 038671 号

哇，科学有故事！物理篇 · 磁铁的故事
（WA，KEXUE YOU GUSHI! WULIPIAN · CITIE DE GUSHI）
作　　者：［韩］郑烷相 / 文　［韩］刘京华 / 绘
译　　者：千太阳

策划编辑：鲁艳芳　杨朝霞
责任编辑：金　琪　杨朝霞
出　　版：東方出版社
发　　行：人民东方出版传媒有限公司
地　　址：北京市东城区朝阳门内大街166号
邮　　编：100010
印　　刷：北京彩和坊印刷有限公司
版　　次：2020年12月第1版
印　　次：2024年11月北京第4次印刷
开　　本：820毫米 × 950毫米　1/12
印　　张：4
字　　数：20千字
书　　号：ISBN 978-7-5207-1482-2
定　　价：256.00元（全10册）
发行电话：（010）85924663　85924644　85924641

文字 ［韩］郑烷相

毕业于首尔大学无机材料工程专业。因为喜欢物理，考入韩国科学技术院（KAIST），获得物理学博士学位。现为庆尚大学基础科学专业的一名教授。主要作品有《爱因斯坦讲的相对论的故事》《科学共和国物理法庭》《科学共和国地球法庭》等。另外，《霍金讲的宇宙大爆炸的故事》和《居里夫人讲的放射能的故事》等作品曾被选为优秀科普图书。

插图 ［韩］刘京华

抱着用自己的作品与读者们对话的念头，在最能体验到炎热和寒冷的小工作室里认真地绘制着每一幅作品。主要作品有《冰激凌来自哪里》《我是全世界最棒的》等。

哇，科学有故事！（全33册）

生命篇	01 动植物的故事——一切都生机勃勃的
	02 动物行为的故事——与人有什么不同?
	03 身体的故事——高效运转的“机器”
	04 微生物的故事——即使小也很有力气
	05 遗传的故事——家人长相相似的秘密
	06 恐龙的故事——远古时代的霸主
	07 进化的故事——化石告诉我们的秘密
地球篇	08 大地的故事——脚下的土地经历过什么?
	09 地形的故事——隆起，风化，侵蚀，堆积，搬运
	10 天气的故事——为什么天气每天发生变化?
	11 环境的故事——不是别人的事情
宇宙篇	12 地球和月球的故事——每天都在转动
	13 宇宙的故事——夜空中隐藏的秘密
	14 宇宙旅行的故事——虽然远，依然可以到达
物理篇	15 热的故事——热气腾腾
	16 能量的故事——来自哪里，要去哪里
	17 光的故事——在黑暗中照亮一切
	18 电的故事——噼里啪啦中的危险
	19 磁铁的故事——吸引无处不在
	20 引力的故事——难以摆脱的力量
化学篇	21 物质的故事——万物的组成
	22 气体的故事——因为看不见，所以更好奇
	23 化合物的故事——不同元素的组合
	24 酸和碱的故事——见面就中和的一对

解决问题

日常生活篇	25 味道的故事——口水咕咚
	26 装扮的故事——打扮自己的秘诀
尖端科技篇	27 医疗的故事——有没有无痛手术?
	28 测量的故事——丈量世界的方法
	29 移动的故事——越来越快
	30 透镜的故事——凹凸里面的学问
	31 记录的故事——能记录到1秒
	32 通信的故事——插上翅膀的消息
	33 机器人的故事——什么都能做到

扫一扫
看视频，学科学